Dr. med. Ulrich Kübler

Viren schreiben Geschichte

als Erreger des Ausnahmezustandes und verändern die Evolution

Verlag und Druck:
tredition GmbH
Halenreie 40-44
22359 Hamburg

978-3-347-08481-0 (Paperback)
978-3-347-08482-7 (Hardcover)
978-3-347-08483-4 (e-Book)

Bibliografische Information der Deutschen Nationalbibliothek:
Die Deutsche Nationalbibliothek verzeichnet diese Publikation in der Deutschen Nationalbibliografie; detaillierte bibliografische Daten sind im Internet über http://dnb.d-nb.de abrufbar.

Die Geschichte zeigt nur die negative, die tödliche Seite der Viren und Bakterien. Pocken, Pest und Ebola: Als biologische Reiter der Apokalypse bedrohen sie seit dem Mittelalter die Menschen und vergrößern die Macht der Obrigkeit. Vergessen und übersehen wird ihre am Leben teilhabende, das Leben fördernde und seine Entwicklung beschleunigende, ja oft erst ermöglichende Seite. Um dies zu erkennen, bedarf es einer Revolutionierung unseres Denkens. Das würde auch einen entspannteren Umgang mit tatsächlichen oder behaupteten Pandemien ermöglichen.

Viren sind ubiquitär, sie sind die ältesten biologischen Informationsträger und Katalysatoren. Sie können unsere Feinde sein und unsere Freunde.

Die mit dem Nobelpreis ausgezeichnete Virusforscherin Prof. Karin Mölling schrieb in ihrem Buch *Supermacht des Lebens*[1]: *Virale und bakterielle Sequenzen sind selbst bis in unser Erbgut vorgedrungen.* – Was wollen sie dort?

Viren sind Elemente, die selbst keine Proteine herstellen können, dennoch sind und waren sie wandelnde und wandelbare Informationsträger, Agenten, Eindringlinge, Katalysatoren, Trittbrettfahrer. Sie standen und stehen am Beginn des Lebens. Sie sind Agenten der Replikationsfähigkeit von Informationen. Sie sind molekulare RNA- oder DNA-

Ensembles, oft mit einer geliehenen Eiweißhülle. Sie existieren, aber sie leben nicht, denn sie besitzen keinen Stoffwechsel und verfügen über keine Energiequellen. Anders wird es, wenn sie sich das eine oder andere verschaffen, dann erwachen sie zum Leben und verändern sich selbst und andere, seit Jahrmillionen, für immer und für alle Zeit. Es gibt sogar Viren ohne eigenes Erbgut, das leihen sie sich dann.

Viren benötigen zwar Energie für ihre Replikation, das muss aber keine Energie aus Zellen sein, es genügt chemische Energie, die sie schon vor Millionen von Jahren den heißen Emissionen von Vulkanen in der Tiefsee entnehmen konnten.

Alle heutigen Viren benötigen Zellen zu ihrer Vermehrung, das war nicht immer so: Die erste vermehrungsfähige RNA, ein Viroid, benötigte anfänglich keine Zellen. Viren sind die Erfinder der genetischen Mannigfaltigkeit, ohne sie gäbe es keine wandelbaren Zellen, nur molekulare Entitäten.

Nach dem Eindringen in eine Zelle können sie persistieren, integrieren, replizieren oder die Zelle lysieren. Handelt es sich dabei um eine Tumor-Stammzelle, ist das segensreich. Reo- und bestimmte Adeno-Viren verfügen über diese Fähigkeit, die sich therapeutisch verwenden lässt. Sie lysieren die Tumorzelle dann so, wie das Bakteriophagen mit Bakterien tun können. Viren können aber auch Krebs auslösen, beispielsweise können Epstein-Barr-Viren das Burkitt-Lymphom auslösen oder Morbus Hodgkin.

Viren kontrollieren also den Kampf um die Zelle. Wie gelangen sie in die Zellen? Indem Sie mit der Zellmembran verschmelzen oder an einen Rezeptor dieser andocken. Sie gelangen dann in das Zellinnere, wo ihre Information ausgepackt, gegebenenfalls in das Wirtsgenom integriert und repliziert wird. Je nachdem, wo und wie das im Gastgenom geschieht, wird dann im Manuskript des Lebens der Zelle ein neues Kapitel geschrieben.
Ich fragte mich im Laufe der Jahre mehrfach, ob Zellen endogen-transfektiöse Schädlinge herstellen können und wenn ja, wie? Das würde dann bedeuten, dass die Zelle sich einen Krebs- oder Krankheitserreger selbst herstellen kann, möglicherweise als Ergebnis endogener oder exogener Noxen.

Der Kampf um die Zelle

Viren sind autonome Informationseinheiten, die sich in das Genom der Zelle einklinken können, wenn sie vom Immunsystem nicht erkannt und eliminiert werden. Geschieht dies, können sie wichtige Gene ausschalten oder Gene aktivieren, die dann unerwünschte Proteine herstellen können. Dies kann zu autoimmunen Erkrankungen führen oder einer gestörten Zellteilungsbalance.

Beispielsweise kann es zu einer epithelial-mesenchymalen Transition kommen, wenn ein Virus das Tumor-Suppressorgen p53 ausschaltet. Dazu ist das JC-Virus in der Lage, ebenso das Epstein-Barr-Virus, das bovine Leukämie-Virus, das Papilloma-Virus Typ I und das STLV1-Virus, ebenso das Sarkom-Virus Y73. – Das JC-Virus (humanes Polyoma-Virus) gehört ebenso wie das SV40-Virus in die Familie der Polyoma-Viren.

Lange Zeit wurde davon ausgegangen, dass die Übertragung des Virus ausschließlich über den Resperationstrakt erfolgt, da virale DNA in Lymphozyten der Tonsillen nachgewiesen werden konnte. Inzwischen gibt es auch Hinweise auf einen oralen Übertragungsweg mit Virusnachweis im Stuhl.

Vor einigen Jahren vertrat ein englischer Forscher die Hypothese, das Polyoma-Virus könne zumindest als Kofaktor Kolonkarzinome auslösen. Dieser Hypothese hat sich inzwischen der frühere Chef des *Deutschen Krebsforschungsinstitutes* und Nobelpreisträger Prof. Harald zur Hausen zu eigen gemacht.

Die Durchseuchung erfolgt offensichtlich während des Kindesalters oder auch später beim Verzehr rohen Rindfleisches, sodass etwa 85 % der Erwachsenen weltweit ein JC-Virus in sich tragen, ohne zunächst klinische Symptome zu zeigen. Das Virusgenom kann latent in adulten Epithelzellen innerer Organe, z. B. der Niere oder in den Gliazellen des Gehirns überleben.

Nach einer Abschwächung des Immunsystems, beispielsweise durch Umweltschadstoffe (toxische Kohlenwasserstoffe), Entzündungsmediatoren kann es zu einer Reaktivierung der Viren kommen, mit der Folge einer Veränderung des Methylierungsprofils von Onkogenen und/oder Tumor-Suppressorgenen.

Eine besondere Funktion hat hier der Wächter des Genoms, der Tumor-Suppressor p53. Fällt dieser aus, kommt es zur epithelial-mesenchymalen Transition, d. h. gesunde epitheliale Zelle verwandeln sich in mesenchymale Zellen, diese verlassen den

Zellverband, rekrutieren sich Blutgefäße und dringen in den Kreislauf ein. Dort können sie durch vermehrte Expression von Escape-Molekülen vom Typ PD-L1 das Immunsystem in Bezug auf ihre Anwesenheit täuschen und den Kreislauf wieder verlassen. Es entsteht dann entweder ein CuP (Cancer of unknown Primary) oder ein manifester Tumor, der aber schon in statu nascendi metastasiert hat.

Inzwischen wird mitgeteilt, dass man in der Mehrzahl aller Lungenkarzinome virale Softwares im aktiven Zustand finden kann, die offensichtlich in der Lage sind, aus normalem Gewebe Tumor-Stammzellen herzustellen.

Beim heute üblichen Vorgehen des sog. *Next Genomic Sequencing*, also der Analyse des Blutes anstatt der Zellen lediglich auf DNA und RNA, erschlossen sich diese molekularen Fakten nicht. Durch entsprechende wissenschaftliche Presseerklärungen haben wir auf diese Fakten bereits vor Jahren hingewiesen. Wir sind der Meinung, dass Krebs eine molekulare und virale Genese haben kann und das Stammzellkonzept um diese Fakten ergänzt werden muss. Wir berücksichtigen dies bereits bei der sog. *Liquid Biopsie*. Durch diese können wir die Zahl der im Kreislauf zirkulierenden instabilen Tumor-Stammzellen analysieren, deren genomische Instabilität untersuchen, das epigenomische Profil analysieren und begleitende virale Phänomene erfassen, wenn es zur Therapie kommt, und antivirale Maßnahmen auf molekularer Basis ergreifen, beispielsweise Polymerase-Inhibitoren einsetzen und antivirale NK-Zellen. Wir kombinieren also antivirale Maßnahmen mit einer Bekämpfung des Escapes von Tumor-Stammzellen mittels Checkpoint-Modulation und tumorinfiltrierender NK-Zellen.

Zur Geschichte

Bereits Sauerbruch ließ eine mögliche virale Genese von Tumor-Erkrankungen durch seinen Assistenten Prof. Grassi, späterer Forscher der *Humboldt-Universität* in Berlin-Buch untersuchen. Sodann hat sich der spätere Nobelpreisträger, Prof. Harald zur Hausen, als Chef des *DKFZ* um virologische Grundlagenforschung in der Onkologie verdient gemacht und dafür auch den Nobelpreis erhalten.

Unser Beitrag war die Erstisolierung von zirkulierenden Tumorzellen in der Blutbahn 1992/93/94 unter Hinterlegung dieser Zellen in der *Deutschen Sammlung für Zellkulturen*. Ein Sonderfall sind onkolytische Viren, die Krebs nicht auslösen, sondern Tumorzellen auflösen können.

Es bleibt also dabei: Krebs ist ein molekularer Unfall, den man rechtzeitig erkennen und auf molekularer und immunologischer Basis bekämpfen sollte.

Was ist aber die wahre Natur der Tumorviren?

a) Hypothese der exogenen Natur
Handelt es sich bei den onkogenen Agentien um echte Viren im Sinne eines infektiösen Erregers

wie z. B. Influenza, Polio, Hepatitis oder Epstein-Barr-Virus?

Gegen die Anschauung, dass für alle Tumore onkogene Viren die eigentliche kausale Ursache bilden, spricht die Tatsache, dass dieser Virusnachweis bisher biologisch und elektronisch bei den meisten Tumoren nicht gelungen ist.

b) **Hypothese der endogenen Natur der Tumorviren**

Möglicherweise kommt es durch eine Denaturierung im Bereich bestimmter Zellorganellen wie der Mitochondrien und des Golgi-Apparates zur Freisetzung von Nukleoproteinen. Ein onkogenes Virus wäre demnach nichts anderes, als ein durch Einwirkung eines Karzinogens verändertes Cytoplasma, also die Veränderung eines zellulären Erbelementes und gleichzeitig einer gleichzeitig wichtigen Stoffwechselstruktur.[11]

Die Beziehung eines derartigen endogenen Virus zu den kanzerogenen Noxen würde eine völlig andere sein, als wenn man ein exogenes Virus annehmen würde. Es bestünde zwischen beiden insofern ein kausaler Zusammenhang, da das Virus durch das Karzinogen direkt hervorgerufen würde. Durch diese Ansichten entfallen eine Reihe derjenigen Deutungsschwierigkeiten, die bei der Annahme eines exogenen Virus vorhanden sind, so z. B. die Vorstellung von einem gleichsam ubiquitären Vorkommen latenter onkogener Viren in den verschiedensten Organen und Gewebsarten mit den für diese Zellarten ausgestatteten Wirkungsspezifitäten, da ja das Virus direkt aus normalen Zellkonstituenten der betreffenden Zellart hervorgehen würde.

Es ist durchaus einleuchtend, dass durch eine mutative Veränderung zelleigener Erbkonstituenten, die Viruscharakter annehmen, auch die korrelative Regenerationsfähigkeit der betreffenden Zelle auf genetischer Ebene vermindert wird.

Auch die *Warburg'sche Gärungstheorie* würde bei der Annahme eines endogenen onkogenen Virus, welches die mitochondriale Atmungskette zu schädigen vermag und die Energiegewinnung durch oxidative Phophorylierung in die anaerobe Glykolyse regredieren lässt, besser verständlich sein.

Ich zitiere noch einmal Prof. Grassi: Diese Vorstellung der endogenen Entstehung der onkogenen Viren aus kleinsten Cytoplasma-Organellen oder deren Untereinheiten, wobei diesen Elementen die Bedeutung genetischer Strukturen mit Matritzenfunktionen und autokatalytischer Replikationsfähigkeit zuerkannt werden muss, schafft zwangsläufig eine enge Beziehung zur Mutationstheorie, und zwar zur *plasmatischen Mutationstheorie der Kanzerogenese* sowie auch zur *Warburg'schen Stoffwechseltheorie.*

Das onkogene Virus wäre demnach ein durch Einwirkung eines Kanzerogens mutativ verändertes Cytoplasmaorganell, also die Veränderung eines zellulären Erbelementes und einer gleichzeitig wichtigen Stoffwechselstruktur.

Wir möchten noch Folgendes zu bedenken geben: Diese endogene Entstehung onkogener Viren könnte neben menschlichen Zellen auch in Tieren, beispielsweise bei Schweinen, Rindern und in Geflügel auftreten. Die dabei entstehenden endogenen Viren könnten dann über die Nahrungskette menschliche Zellen transfizieren. Dies würde die stärkere Verbreitung von Krebs in fleischverzehrenden Populationen erklären. Dies wirft die Frage nach unserem Umgang mit der Welt der Tiere und der Integrität der tierischen Zellen auf, auch die Frage nach der Bedeutung der Beeinflussung des epigenomischen Profils der Zelle durch Insektizide und Pestizide in Zeiten des weltweiten Einsatzes von Glyphosat und ähnlichen Verbindungen.

Das Virus der ansteckenden Blutarmut der Pferde – eine alte Biowaffe?

Der französische Tierarzt Lignee beschrieb 1843 (!) erstmals ein anämisches Krankheitsbild der Pferde. 1904 stellte die französischen Mediziner Carre und Valle fest, dass diese Erkrankung ansteckend und nicht heilbar sei und über Blut oder Urin im Futter übertragen werden konnte.

1905 begannen deutsche Tierärzte auf Weisung der preußischen Regierung mit der Erforschung dieser Erkrankung. Als Ursache der Erkrankung wurde ein hitzeempfindliches Virus festgestellt und zum Schutz gegen die Ansteckung halbstündiges Erhitzen der zu desinfizierenden Gegenstände auf 56°Grad empfohlen.

Unter experimentellen Bedingungen wurde nachgewiesen, dass Insekten die Viren übertragen, die dann in infizierten Körperflüssigkeiten wie Blut, Urin, Samen oder Milch enthalten sind. Überträger können sein: Pferdebremsen, Wadenstecher, Kriebelmücken und Moskitos.

Wie wir heute wissen, handelt es sich bei dem Virus, das die für Pferde meist tödlich verlaufende Anämie auslöst, um ein Retro-Virus. Das HIV-Virus könnte mit ihm verwandt sein.[7,8]

Dieses Virus der Pferdeanämie wurde während des 1. Weltkrieges als Biowaffe eingesetzt. Pferdebestände des Gegners, die ein wichtiges Transport- und Angriffsmittel waren, zu infizieren, war für Militärs eine große Verlockung. Berichte über diese Erkrankung fallen deshalb widersprüchlich aus, weil die meisten Autoren Tiermediziner im Dienste der Regierung oder des Militärs waren. Ihnen war es in erster Linie daran gelegen, den Verdacht, die Krankheit sei vorsätzlich ausgelöst worden, von ihrem jeweiligen Auftraggeber abzulenken.

Auf deutscher Seite erkrankten gegen Ende des 1. Weltkrieges in Pferdelazaretten Militärpferde und deren Pfleger an diesem Virus. Die sprunghafte Ausbreitung ließ auf vorsätzliche Verbreitung schließen.

Anfang 1917 trafen einige der kranken Pferde im Pferdelazarett Tilsit ein, damals Ostpreußen, wo sie jedoch nach kurzer Zeit wegen Hinfälligkeit und intermittierenden Fiebers geschlachtet werden mussten. Einige Wochen später erkrankten 143 Pferde im Pferdelazarett Buk in der Nähe von Posen, damals Preußen, an der ansteckenden Blutarmut der Pferde. Das Berliner Reichswehrministerium bedauert in einem Merkblatt, dass noch nicht feststehe, auf welche Weise die *natürliche Ansteckung* zustande gekommen sei.

Mitten in Friedenszeiten, im Februar 1925, entstand dann im Reichswehrministerium in Berlin eine Denkschrift über die Verwendung von Krankheitskeimen als Kampfmittel im Krieg. Dieser militärpolitische Vorstoß gibt Aufschluss darüber, was am Ende des Krieges bereits praktiziert und später im geheimen weiterbetrieben wurde: Die Erkrankung von Pferden, die in Wirklichkeit als Virusproduzenten gehalten wurden, um dann geschlachtet zu werden, wurde meist als *Folge von Infektionen durch ungereinigte Impfnadeln* bezeichnet.

Es kam zu einer Virusproduktion für den nächsten Krieg: Größter und wichtigster Produzent des Virus der tödlich verlaufenden Pferdeanämie im Deutschen Reich waren die *Behringwerke* in Marburg. Je näher der 2. Weltkrieg heranrückte, desto größer erschien der Bedarf an EIAV-haltigem Serum und desto mehr Pferde wurden in den Pferdeanstalten geschlachtet. Das Serum war nicht etwa ein Immunisierungsmittel, sondern ein Kampfmittel, mit dem man gegnerische Pferde zu infizieren gedachte.

Die Forschung des deutschen Militärs über die ansteckende Blutarmut der Pferde zielte auch schon frühzeitig auf die Übertragung des Virus auf Menschen. Bereits gegen Ende des 1. Weltkrieges war ein erster Versuch in diese Richtung offenbar gelungen, denn es gab Warnungen vor dem Verzehr ungekochten Pferdefleisches. Der Veterinärmediziner der militärischen Veterinärakademie in Berlin äußerte sich kryptisch. Er gab an, er selbst sei mit dem Erreger der ansteckenden Blutarmut infiziert worden. Anlass der Infektion sei eine Verletzung mit einer Impfnadel gewesen oder versehentliches Aufsaugen infektiösen Blutes in den Mund beim Pipettieren. Als äußere Zeichen der Erkrankung nennt Dr. Luers anhaltenden Durchfall mit Blutbeimengungen, Schwäche, Kopfschmerz, beidseitige Gürtelrose und die Verminderung weißer Blutkörperchen. – Bei einem ähnlichen Krankheitsbild würde heute AIDS diagnostiziert werden. Die Gürtelrose ist ein Hinweis auf eine starke Immunsuppression.

In einer Reihe von Staaten war man sich schon damals durchaus bewusst, dass das Virus der ansteckenden Blutarmut der Pferde auch eine Ansteckungsgefahr für Menschen mit sich bringen würde. In Deutschland wurde bereits 1922 durch Reichsgesetz bestimmt, dass das Fleisch von anämischen Pferden vor dem Verzehr zu kochen oder zu dämpfen sein. Französische Mediziner warnten eindringlich vor EIAV-infizierten Seren aus Impfstoffgewinnungsanstalten.

Bei der Eroberung von Äthiopien und Eritrea durch Italien 1935 und 1936 wurde wahrscheinlich die ansteckende Blutarmut der Pferde eingesetzt. Der italienische Tierarzt Guidi hatte eine Ausbildung u. a. an der *Tierärztlichen Hochschule Hannover* erhalten.

Japan, das zusammen mit Deutschland und Italien zu den Achsenmächten des 2. Weltkrieges zählte, hatte an der Erforschung von Biowaffen ein besonders starkes Interesse: 1938 stattete eine Delegation deutscher Militärärzte Tokio einen offiziellen Besuch ab. Zwei Jahre später, Japan war auf deutscher Seite in den Krieg eingetreten, erfolgte ein Gegenbesuch in den Marburger *Behringwerken*. Der Delegationschef Prof. Osamo Hatta nannte es dort *eine Freude und Ehre, dass wir Hand in Hand sowohl politisch als auch wissenschaftlich Fortschritte für die Neuordnung der Welt anstreben könnten.* Tomasada Masuda, einer der ranghöchsten Verantwortlichen des japanischen Biowaffenprogramms, hatte sich in den Jahren 1932 bis 1934 zu Studienzwecken in Berlin aufgehalten. Ein Jahr später nahm er als Leiter des Forschungszentrums *Einheit 100* in Harbin, in der von Japan besetzten chinesischen Provinz Mandschurei, seine Untersuchungen über die ansteckende Blutarmut der Pferde auf. Eine der Aufgaben des Projektes bestand darin, das Immunsystem von Chinesen und Japanern hinsichtlich unterschiedlicher Reaktionsweisen auf Krankheitserreger zu untersuchen. Bei den Versuchen, die zur Vorbereitung dieser Einsätze durchgeführt wurden, sollen mindestens 3.000 Kriegsgefangene und Zivilisten als menschliche Versuchskaninchen missbraucht und ermordet worden sein. Mitte 1942 waren die Gewässer an der Grenze der Sowjetunion vermutlich erheblich mit dem Virus der ansteckenden Blutarmut verseucht.

Im internationalen Militärtribunal für den Fernen Osten urteilten die Siegerstaaten über Kriegsverbrechen japanischer Militärs und Politiker. Japans biologische Kriegführung war nicht Gegenstand dieser Verhandlung. Diese schien nicht strittig und ist offiziell nie näher untersucht worden. Wissenschaftler, die im Biowaffenprogramm Japans führende Positionen eingenommen haben, vermittelten ihre Kenntnisse auf Betreiben von General McArthur den USA und blieben straffrei. Die Versuche an kriegsgefangenen US-Staatsbürgern, die die Regierung der USA von Gesetzes wegen hätte verfolgen müssen, wurden ebenfalls nicht geahndet.

Zoonosen

Womit wir bei den Zoonosen wären: Dies sind Erkrankungen, die vom Tier auf den Menschen überspringen können, so ist beispielsweise das Ebola-Virus in Fledermäusen heimisch, die daran nicht erkranken. Wie sie das machen, ist nicht bekannt. Dafür sollte man sich einmal interessieren. Das Prinzip, sollte es sich entdecken lassen, ließe sich dann evtl. kopieren. Dennoch würde ich vom Verzehr von Wildtieren abraten. Diese sind ja leider in Ländern wie Afrika und China immer noch Nahrungsreserve.

Das Ebola-Virus gehört zu den fadenförmigen RNA-Viren, diese kriechen flugs in die Monozyten der Blutbahn, vermehren sich dort und verdrängen die Mitochondrien. Das tun übrigens auch, je nach Stamm, mehr oder weniger stark die Corona-Viren. Aus untergehenden viral infizierten Monozyten in das Blutplasma freigesetzte Mitochondrien transfizieren das Endothel. Das sind jene Zellen der Gefäßwand, die im gesunden Zustand zuständig für den Sauerstoff- und Kohlendioxidaustausch sind sowie für das ungehinderte Abrollen der roten und weißen Blutkörperchen an den Blutgefäßwänden, andernfalls kommt es zu Thrombosen, Schlaganfällen und Herzinfarkten, wie sie jetzt aktuell bei Corona-viralen Infektionen vermehrt auftreten.

Durch virale Infektion freigesetzte Mitochondrien können die Bildung autoaggressiver Antikörper- und Cytokin-Stürme auslösen und damit die Zerstörung des Endothels, der Gefäßwandzellen.

Dagegen gibt es therapeutische Hilfsmittel: den rechtzeitigen Einsatz von Polymerase-Inhibitoren, um die Virusvermehrung zu reduzieren und die virale Belastung der Monozyten zu verringern. Das leisten Benzamid-Verbindungen wie *Ivermectin* und *Nitazoxamid*, ggf in Kombination mit Cytokin-Antagonisten. Unter gleichzeitiger Gabe von *Prednisolon* und *Heparin* lassen sich damit Thrombosen und Schlaganfälle verhindern. Ebenso beatmungspflichtige Pneumonien.

Somit ist die Aussage von Herrn Prof. Dr. med. vet. Wieler, des die Bundesregierung beratenden Leiters des Robert-Koch-Institutes, es gäbe keine Therapie gegen RNA-Viren wie Corona, nur dadurch zu erklären, dass er Tierarzt ist, aber keinesfalls zu entschuldigen.

Die Tätigkeit des RKI

Möglicherweise sind die Ansichten und Behauptungen des Herrn Prof. Dr. med. vet. Wieler, dass es keine Therapien gäbe, auch Basis der Aussage von Frau Bundeskanzlerin Dr. Angela Merkel: »… Wir alle wissen, dass diese Pandemie erst vorbei ist, wenn wir über einen Impfstoff verfügen.« Es fragt sich, wer oder was die Erkenntnisquelle für diese Überzeugung der Kanzlerin ist, die sie auch im Rahmen ihrer Richtlinienkompetenz, möglicherweise nicht ausreichend Rücksicht auf die Grundrechte der Verfassung nehmend, hart am Rande der Amtsanmaßung exekutiert (sh. Stellungnahme des *Wissenschaftlichen Dienstes des Deutschen Bundestages* und des Vizepräsidenten des Deutschen Bundestages an RA W. Kubicki).

Aufgrund der Ermächtigungen im geänderten Infektionsschutzgesetz werden die Strukturen des Grundgesetzes untergraben, insbesondere im Hinblick auf das Prinzip der Gewaltenteilung. Es hat sich schon vor der Gesetzesänderung die Frage gestellt, inwieweit die Übertragung so einschneidender und umfassender Befugnisse von den Landesregierungen auf den Bund, wie sie das Infektionsschutzgesetz enthält, dem Grundsatz des Vorbehaltes des Gesetzes und der Verhältnismäßigkeit entspricht.

Durch die Änderungen des Infektionsschutzgesetzes ist das *Bundesministerium für Gesundheit* im Rahmen einer epidemischen Lage von nationaler Tragweite zu so umfassenden Befugnissen ermächtigt worden, dass das föderalistische Prinzip infrage gestellt oder sogar obsolet ist.

Frau Merkel und die meisten übrigen Länderpräsidenten haben dafür gesorgt, dass in Zeiten der Pandemie alle drei Gewalten, also Legislative, Exekutive und Judikative weitgehend unterschiedslos an einem Strang ziehen und es ist nicht mehr zu erkennen, dass eine Form der Gewaltenkontrolle stattfindet. Im Gegenteil: Die Legislative ist seit dem Beginn der Corona-Krise weitgehend abgetaucht, Sitzungen im Bundestag und in den Landtagen finden oder fanden bisher nur in Notbesetzungen statt und eine Debatte über die grundsätzliche Sinnhaftigkeit der Corona-Gegenmaßnahmen hat für lange Zeit kaum stattgefunden. Der Kanzleramtsminister, immerhin ein gelernter Arzt, hat sich angesichts der Gerichtsurteile, die die Regierungsmaßnahmen korrigierten, auf eine Weise geäußert, die zeigt, dass er die verfassungsrechtliche Problematik seiner Ansichten und Maßnahmen vollkommen verkennt; ein Mitglied des Verfassungsgerichtshofes, das natürlich parteigebunden ist, hat Verständnis für die ach so schwierige Lage der Exekutive geäußert. Vielleicht sollte der Mann wegen Missachtung der gebotenen richterlichen Neutralität sein Amt für die Zeit der Pandemie und auch danach ruhenlassen.

Man hat aber inzwischen den Eindruck, dass die medizinischen und ökonomischen Schäden von einigen Kreisen billigend in Kauf genommen werden, denn bei weiterer Verschlimmerung der Situation könnte dann eine echte Notstandssituation gem. Art. 20 Abs. 4 des Grundgesetzes eintreten und dann kann endgültig wie in der Weimarer Zeit durchregiert werden. Wozu dies geführt hat, zeigt ein Blick auf das 20. Jahrhundert und seine bis heute anhaltenden Folgen.

Auf jeden Fall kann man sich nicht des Eindrucks erwehren, dass Frau Bundeskanzlerin wie eine Lobbyistin bestimmter Impfstoffhersteller agiert und so überrascht es auch nicht, dass sie in diesen Zeiten häufig mit Bill Gates telefoniert hat und von ihm und dessen Frau höchstes Lob erhält.

Es genügt nicht, wenn der ehemalige Präsident des Bundesverfassungsgerichtes, Prof. Papier, die mangelnde Verfassungsgebundenheit der Bundeskanzlerin beklagt. Nachdem aber nunmehr der Bund, wie soeben geschildert, in diesem epidemischen Notfall von einer Ultima-Ratio-Zuständigkeit ausgeht, indem der Zweck inzwischen fast alle

Mittel heiligt, wäre dann konsequenterweise das passende Gegenstück zur rechtlichen Bewertung und zur Entscheidung über die Rechtmäßigkeit dieser einheitlichen Maßnahmen und der angenommenen Prämissen auch eine Art bundeseinheitliche Rechtsschutzmöglichkeit über das Bundesverfassungsgericht. Sonst landen wir bei einer Exekutiv-Diktatur und einer Diktatur der in Kürze einzuführenden Algorithmen.

Es ist schon bemerkenswert, dass sich unsere Verfassungsrichter in diesen pandemischen Zeiten in subtiler Weise, wenn auch viel zu spät, mit einer ohnehin inzwischen demolierten Währung auseinandersetzen, deren Bestand in diesen, auch durch das Virus und seine Verwaltung ausgelösten ökonomischen Notzeiten, die der größten Rezension der letzten Jahrzehnte weltweit entspricht, in der Hoffnung, dass Rechtsfindung ein Ersatz sein könnte für kluge Politik. Aber wahrscheinlich sind dieses und andere Urteile demnächst Makulatur, wenn der Not und der Gelegenheit gehorchend ein Staat, z. B. der chinesische, eine digitale Währung einführt. Zusammen mit den Überwachungshandys wird dann das Handy neben der elektronischen Fußfessel zum ultimativen Zahlungsmittel. Das sei Herrn Schäuble zum Trost gesagt, der jetzt aufgrund des Urteils des Verfassungsgerichtes den

Euro in Gefahr sieht. Na ja, das Bundesverfassungsgericht ist immerhin das Bundesverfassungsgericht. Würde es sich um ein Urteil des Finanzgerichtes handeln, könnte er wie üblich mit einem Nichtanwendungserlass dazwischengrätschen, so wie er das früher gerne getan hat, wenn es dem Staat nützte.

West-Nil-Virus

Ebenfalls eine Zoonose ist das West-Nil-Virus u. a. ein von Vögeln und wohl auch Insekten übertragenes RNA-Virus, das bedrohliche Encephalitiden auslösen können, eine Entzündung der Neuroglia. Es ist ebenfalls durch Polymerase-Inhibitoren wie das japanische Grippemittel *Avigan* (Favipiravir) behandelbar. Das Know-how darüber ist beispielsweise in *Wikipedia* öffentlich zugänglich, sollte also auch Herrn Prof. Wieler und damit der Bundeskanzlerin Frau Dr. Angela Merkel nicht verborgen geblieben sein. Das Gleiche gilt für den Gesundheitsminister Spahn, einen gelernten Politologen.

Auch Corona-Viren sind RNA-Viren. Sie greifen in den Energie- und Strukturhaushalt der Wirtszellen ein und beeinflussen deren molekulare Signalketten. Über den Cytokin-Haushalt und mitochondriale Antikörper können sie das Endothel der Gefäßwände in Rekordzeit schädigen und lysieren. Bisherige Therapieversager erklären sich besonders dadurch, dass Viren in die Monozyten der Blutbahn eindringen, dort die Bildung entzündungsfördernder Cytokine auslösen, aber insbesondere zur Freisetzung der Mitochondrien und der Monozyten führen. Die Freisetzung dieser geheimnisvollen Energieaggregate der Zelle löst autoaggressive Kaskaden im Körper aus mit der Folge der Zerstörung von Gefäßwandzellen. Im Bereich der Lunge entstehen dadurch eine gefährliche Pneumonie, Thrombosen und Schlaganfälle. Durch Sauerstoff- und Überdruckbeatmung wird die Situation der geschädigten Lunge nicht unbedingt besser. Im Gegenteil: Ohne die Endstrombahn entlastende Maßnahmen führen die meisten Beatmungen dann noch zusätzlich zum Tode.

Ebola-Virus

Das neben den Corona-Viren wohl bekannteste RNA-Virus, eine der Geißeln Afrikas, ist Objekt der Biowaffenforscher.

Weder Impfstoffe noch Therapieansätze, die spezifisch gegen das Ebola-Virus gerichtet sind, wurden bisher am Menschen getestet. Nur TKM-Ebola, ein Präparat des pharmazeutischen Unternehmers *Tack Mira*, das kleine mit dem Ebola-Virus interferierende RNS-Moleküle enthält, wurde bisher in einer Phase-I-Studie untersucht.

Beim aktuellen Ausbruch wurde weltweit darüber debattiert, ob es ethisch vertretbar ist, in einer solchen Situation am Menschen ungetestete Impfstoffe oder Arzneimittel anzuwenden. Bei einem infizierten Arzt und einer infizierten Krankenschwester wurde kurz vor Rückkehr in die USA ein am Menschen unerforschtes Serum verabreicht. In den Medien wurde dann über eine Wunderheilung der Schwerkranken berichtet. In einem lesenswerten Artikel im *New England Journal of Medicine*, der sich auch eingehend mit ethischen Fragen beschäftigt, wird das Serum *Zmapp* als monoklonaler Antikörper-Cocktail beschrieben.[12] Diese Antikörper verminderten bei Rhesus Makaken die Letalität, wenn sie 24 bis 48 Stunden nach experimenteller Ebola-Infektion infiziert wurden. Auch wenn die Antikörper erst vier bis fünf Tage nach der Infektion gegeben wurden, schien ein Effekt auf Symptome wie Fieber und PCR-Tests, also die virale Replikation, nachweisbar zu sein. Bevor dieser Antikörper den beiden Amerikanern verabreicht wurde, gab es keinerlei Sicherheitstest bei Menschen.

Bei der Einschätzung der Gefährlichkeit der Ebola-Erkrankung ist unbedingt zu berücksichtigen, dass die Letalität nach einem Ausbruch mit der Zeit sinkt, weil sich die Viren an den Wirt adaptieren. Dies gilt im Grunde für alle viralen Infektionen, weshalb der Glaube der Politik, das Virus managen zu können, von den epidemiologischen Fakten seit Jahrtausenden nicht gedeckt ist.

Noch weniger lässt sich derzeit zu anderen therapeutischen Ansätzen bei der Ebola-Infektion sagen. Das gilt für TKM-Ebola, kleine RNS-Stücke, die mit der viralen RNS Polymerase interagieren und sie dadurch blockieren sollen.

Die FDA hat aus Sicherheitsgründen eine geplante Phase-I-Studie angehalten, es wurde befürchtet, dass durch TKM-Ebola ein Cytokin-Sturm ausgelöst werden könnte.

Derzeit steht man vor der Entscheidung, ob man am Menschen nicht getestete Substanzen angesichts der Gefährlichkeit und der schlecht zu kontrollierenden Ausbreitung der Ebola-Infektion einsetzen darf oder soll.

Es dürfte schwierig sein, verschiedene Interessenkonflikte sauber zu trennen bzw. kenntlich zu machen. Das gilt auch für die Corona-Pandemie.

Wie viele andere potenziell tödliche Krankheitserreger ist auch das Ebola-Virus von militärischen Interessen einerseits, um Soldaten durch Impfung oder Arzneimittel zu schützen und strategische Überlegenheit zu erlangen, nicht frei. Es erstaunt deshalb nicht, dass in den USA militärische Einrichtungen mit pharmazeutischen Unternehmen zusammenarbeiten, bezüglich Ebola schon seit Jahren.[13]

Viren als Heilmittel: Bakteriophagen

Man kann durch Viren auch gesunden, nämlich durch Bakteriophagen.

Bakteriophagen sind Viren, die ausschließlich pathogene, also krankmachende Bakterien befallen. Sie infizieren die Wirtsbakterie, indem sie sich an spezifische Oberflächenrezeptoren anhaften.

Phagen bestehen aus einer Eiweißhülle, die ihre Erbsubstanz enthält, und einem kontraktilen Schwanz, mit dessen Hilfe das Phagen-Genom ins befallene Bakterium injiziert wird. So wird das Bakterium gezwungen, neue Phagen herzustellen. Aus einem einzigen Phagen können innerhalb von 20 bis 60 Minuten mehrere Hundert Tochter-Phagen entstehen. Mittels bestimmter Enzyme durchlöchern diese frischgebildeten Phagen die Bakterienhülle, lösen sie auf und befallen dann neue Bakterien.

Viele der Phagen sind jedoch temperent, sie bauen ihr Genom als Prophage in die Bakterienerbsubstanz ein und verdoppeln sich synchron mit dem Bakterium, um dann irgendwann in den oben beschriebenen Vermehrungsprozess überzugehen. Gewisse Phagen-Gene können so auch die Bildung von Bakterieneiweißen anregen wie z. B. des Diphterietoxins.

Phagen kommen ubiquitär vor. Zu diagnostischen und therapeutischen Zwecken werden sie aus dem Abwasser von Spitälern aus Kläranlagen oder Flüssen sowie aus Blut, Stuhl oder infizierten Gewebeproben von Patienten gewonnen.

Die mikrobiologische Forschung braucht Phagen seit Langem als Modellprojekt, um daran grundlegende biologische Vorgänge zu studieren. Phagen dienen auch als Vektoren bzw. Transportvehikel für Gene und waren bis vor Kurzem unentbehrlich für die Diagnostik bakterieller Infektionen sowie für epidemiologische Untersuchungen. Möglicherweise wären sie eine Alternative zu den Antibiotika, denn was ist eleganter, als den Angreifer mit seinem natürlichen Feind zu bekämpfen?

Von dieser Vorstellung fasziniert war der Franco-Kanadier Felix D'Herelle, der 1917 die Bakteriophagen entdeckte. Sinclair Lewis, angeregt durch die Publikationen von D'Herelle, machte die Bakteriophagen zum zentralen Thema seines fiktiven Romans *Aerosmith*.

Die Möglichkeiten der Phagen-Therapie sind noch nicht ausgelotet und hätten durchaus das Potenzial, sich in bestimmten Fällen als anerkannte Behandlungsform durchzusetzen. Warum haben sie das bis heute nicht getan?

Es gab *unerklärliche* Misserfolge. Felix D'Herelle, der Forscher am Pariser *Pasteur-Institut* war, etablierte nach seiner Entdeckung in verschiedenen Ländern Zentren zur Phagen-Therapie. 1921 erschien seine erste Publikation zur erfolgreichen Behandlung eines Staphylokken-Hautinfektes mit Phagen. In Ägypten setzte er Phagen bei vier Patienten ein, die an Beulenpest litten, in Indien studierte er die Wirkung von Phagen-Therapeutika bei Choleraepidemien und Pestausbrüchen. Phagen-Präparate wurden von D'Herelles kommerziellem Labor in Paris und durch einige amerikanische Firmen vertrieben.

Wegen seiner Arbeitsweise geriet D'Herelle jedoch bei seinen Forscherkollegen in Misskredit und setzte sich nach Tibilisi in Georgien ab, wo er in den 30er-Jahren mit dem Russen Georg Eliava das bis heute existierende *Eliava-Institut* für Bakteriophagen, Mikrobiologie und Virologie gründete.

Trotz gewisser Erfolge versagte die Phagen-Therapie immer wieder unerklärlicherweise oder führte sogar zu Todesfällen, sodass die Phagen-Medikamente schließlich durch die Antibiotika verdrängt wurden und die *Weltgesundheitsorganisation* 1959 beschloss, dass es keinen Grund gebe, die Forschungsbestrebungen auf dem Gebiet der Phagen-Therapie weiter voranzutreiben.

Im Nachhinein lassen sich diese Misserfolge evtl. nachvollziehen: Anfänglich ließen sich die krankmachenden Bakterien häufig nicht eindeutig identifizieren; auch wurden die frühen Phagen-Präparate zum Teil ungezielt eingesetzt. Diese Medikamente waren oft mit Bakteriengiften verunreinigt und wurden vor ihrer Verabreichung nach Erhitzung oder Zugabe von sterilisierenden Substanzen nicht mehr auf die Vermehrungsfähigkeit der Phagen hin überprüft. Schließlich führte die an sich gegebene erstaunliche Effizienz der Phagen in Choleragebieten dazu, dass grundlegende hygienische Maßnahmen vernachlässigt wurden, und das mag die WHO gar nicht.

Unter diesen Vorzeichen verwundert es nicht, dass zwischen 1950 und 1970 kaum mehr Publikationen zur Phagen-Therapie erschienen.

Während all dieser Jahre hat sich jedoch die Phagen-Therapie im damaligen Ostblock im medizinischen Alltag neben den Antibiotika behaupten können. Die Resultate des *Eliava-Institutes* sind eindrücklich: Bis zu 80 % aller Enterokokken-Infekte lassen sich gem. den georgischen Forschern erfolgreich mit Phagen beherrschen und noch in den 70er-Jahren des vergangenen Jahrhunderts belieferte das *Eliava-Institut* die Sowjettruppen mit großen Mengen von Phagen-Präparaten zur Behandlung von Durchfallerkrankungen und Infektionen. Doch diese Zeiten sind längst vorbei, das *Eliava-Institut* leidet unter Geldnöten. Einige der sowjetischen Wissenschaftler arbeiten deshalb heute in den USA.

Auch die Forscher des polnischen *Institutes für Immunologie und experimentelle Therapie* in Worchlaw publizieren bis heute regelmäßig aufsehenerregende Resultate. Gem. einer Veröffentlichung aus dem Jahre 2000 sind in diesem Institut gut 1.300 mit Phagen behandelte Personen statistisch erfasst worden (Quelle: Arch. immunol. Ther. exp. 48, 547-551, 2000). 86 % der Patienten erholten sich vollständig von ihren zum Teil schweren Infektionen, die oft durch antibiotikaresistente Bakterien verursache worden waren. In lediglich vier Prozent der Fälle habe die Phagen-Therapie keine Wirkung gezeigt.

Doch was bereits D'Herelle zum Stolperstein wurde, begründet auch heute noch zu einem großen Teil das Misstrauen und die Zurückhaltung der Forscher hierzulande gegenüber dem medizinischen Einsatz von Phagen: Weder die polnischen noch die sowjetischen Erfolgsmeldungen beruhen auf placebo-kontrollierten Studien und auch die methodischen Hintergründe sind intransparent.

Weil die Phagen nur an eine bestimmte Bakterienart andocken können, ist die korrekte Identifizierung des Keims vor Therapiebeginn allerdings unumgänglich. Mit der Polymeraseketten-Technologie wäre dies heute problemlos möglich, aber es ist leider wegen der Abwesenheit dieser Methodologie besonders bei lebensbedrohlichen Infektionen aus Zeitgründen schwierig zu bewerkstelligen.

Da außerdem nicht alle Stämme einer Bakterienart gleich empfindlich auf die entsprechenden Phagen sind, wird die Verabreichung sog. Phagen-Cocktails vorgeschlagen. Damit wären einerseits die am häufigsten bei bestimmten Infektionen beobachteten Bakterienarten und andererseits auf verschiedene Mutanten dieser Bakterien abgedeckt.

Eine weitere Hürde ist die Tatsache, dass nicht nur die Bakterien, sondern auch die Phagen selbst ein Ziel der Immunabwehr des Menschen darstellen. Phagen werden deshalb im Empfängerorganismus sehr rasch vom retikulo-endothelialen System (RES) aus der Zirkulation gefiltert.

Nach einer möglichen Lösung für dieses Problem hat Richard M. Carlton, der 1993 die Phagen-Firma *Exponential Biotherapies* gründete, in Zusammenarbeit mit Forschern der amerikanischen *National Institutes of Health* gesucht. (Literaturstelle 2: PNAS 93, 3188-3192, 1996.) Die Wissenschaftler verabreichten Mäusen, die mit E. coli und Salmonella typhimurium infiziert waren die entsprechenden Phagen. Bereits nach kürzester Zeit waren mehr als 90 % der intravenös applizierten Mikroorganismen verschwunden, nur einige wenige Phagen-Mutanten zirkulierten noch lange Zeit. Genau diese Phagen verabreichten die Forscher den Mäusen anschließend in konzentrierter Form – mit durchschlagendem Erfolg: Diese Mikroorganismen wurden vom RES nicht mehr abgefangen und konnten damit ihre antibakterielle Wirkung entfalten.

Phagen provozieren als körperfremde Eiweiße aber auch die Bildung spezifischer Antikörper, diese Reaktion dürfte vor allem bei einer länger dauernden oder wiederholten intravenösen Anwendung von Bedeutung sein. Zumindest experimentell versucht man, diesen unerwünschten Effekt zu umgehen, indem man die Phagen hoch dosiert und nur kurzfristig einsetzt, in der Hoffnung so die spezifische Immunabwehr zu unterlaufen.

Wie entsteht ein Virus?

Ein Virus entsteht durch Aggregation von Nukleoproteinen und mithilfe von RNA- oder DNA-Polymerasen. Möglicherweise kann jede Zelle mithilfe ihrer Organellen Viren produzieren, denn durch eine Dissoziation von Organellen, beispielsweise von Mitochondrien, kommt es zur Separation und Neoaggregation von Nukleoproteinen, die mithilfe von im Cytosol vorhandenen Polymerasen replizieren können. Je nachdem, wo sich die neuen Informationsträger dann integrieren, kann es zum Verlust der Transkriptionskontrolle und der Mitoseregulation kommen, mit der Folge der epithelial-mesenchymalen Transition. Dieses Konzept der Autopoiese von Viren entspricht der Autopoiese von Mitochondrien.

Viren können also Ergebnis der Tätigkeit extrachromosomaler Systeme nach chromosomaler Beschädigung und/oder Beschädigung von Organellen sein. Dies folgt der früher diskutierten plasmatischen Mutationshypothese von Organellen im Sinne der Korrelation von endogenen Viren mit Mutationen.

Therapeutisch wäre eine Polymerase-Inhibierung denkbar und eine Blockade der Exosomen-Formation.

Das Know-how der Viren ist vererbbar: Retro-Viren und einige DNA-Viren sowie die meisten Phagen können ihr Genom in das der Wirtszelle einbauen, sodass es mit ihr vererbt wird. Sie können sich wieder aus der Zelle ausschleusen lassen und dabei Teile der Zellmembran mitnehmen.

Das war die dunkle Seite der Viren, aber es gibt auch eine helle Seite: den Gegenspieler der Viren:

NK-Zellen, natürliche Killerzellen

Es muss an die grundsätzliche Bedeutung der NK-Zellen bei der Abwehr viraler Erkrankungen erinnert werden, weil diese nicht nur unerwünschte Zellen töten, sondern die Immunabwehr regulieren. Sie sorgen dafür, dass eine virale Infektion nicht zu schwach, aber auch nicht zu stark bekämpft wird.

Die Kenntnis der komplexen Immunregulation bei akuten viralen Infektionen ist nicht groß. In bestimmten Stadien der viralen Infektion ist es ratsam, das Immunsystem mit Cytokin-Antagonisten wie *Actemra* (hergestellt von *Genentech/Roche*) vor einer Überreaktion zu bewahren. Auch mTOR-Antagonisten können nützlich sein. Diese haben den Vorteil, die Lymphozyten direkt zu adressieren.

Antikörper

Die B-Lymphozyten des Körpers bilden Antikörper, die das Virus neutralisieren und am Andocken an Zellrezeptor hindern können. Diese Antikörper lassen sich mittels der Hybridom-Technologie synthetisch herstellen. Dies wäre in den Jahren nach dem ersten Auftreten von Sars/Corona sinnvoll gewesen und nicht erst jetzt. Dann wäre jetzt eine erkrankungsverkürzende und lebensrettende passive Immunisierung möglich und strenge Lockdown-Maßnahmen obsolet.

Diese Behörden und die mit ihnen zusammenarbeitenden Politiker sind gerade dabei, einen weiteren Fehler zu begehen: Gebetsmühlenartig behaupten sie, die Pandemie sei erst vorbei, wenn es eine Impfung gebe. – Ja welche denn? Es sollte bekannt sein, dass es noch nie gelang, Katzen erfolgreich gegen Corona-Viren zu impfen, da dadurch mutations- und infektionsverstärkende Antikörper hergestellt werden können. Diese Antikörper binden an der Oberfläche der Viren, neutralisieren diese jedoch nicht, sondern tragen zu einer noch verbesserten Aufnahmefähigkeit der Zellen für die Viren bei. Das kann und wird bei einigen Impfungen, die jetzt schnell hergestellt werden, geschehen.

Deshalb ist eine generelle Impfpflicht, wie sie einige Minister in fast schon faschistoider Weise propagieren und in die Gesetzbücher schreiben wollen, biologisch und verfassungsrechtlich bedenklich.

Gleiches gilt für die Polymerase-Inhibitoren synthetischer und natürlicher Art.: Es handelt sich dabei um synthetisch hergestellt oder natürlicherweise von Pflanzen gebildete komplexe Moleküle, die die RNA-Polymerasen sogar des Ebola-Virus inhibieren, erst recht die der Corona-Viren. Die Komplexität dieser Moleküle ist wesentlich höher als die der simplen Chinin-Verbindungen, die einige Politiker glauben erfolgreich einsetzen zu können. Ihr Einsatz ist auch kostengünstiger und effizienter als der von Nucleosid-Analoga wie *Remdesivir*, die angetreten sind, dem Virus molekular beim Zusammenbau ein Bein zu stellen. Das hilft hauptsächlich dem Hersteller *Gilead*, der sich schon mit Anti-AIDS-Medikamenten eine goldene Nase verdient hat. Hier ist wieder eine Marktmacht neuen Typs erwachsen. Nur bei Drogenhändlern sind die Gewinnspannen vergleichbar hoch.

Auch mit Nukleosid-Analoga lässt sich das Virus beschädigen und damit schwächen, dazu gehört das für die Therapie der Hepatitis zugelassene *Ribavirin* – Es muss nicht das teure *Remdesivir* sein.

Elegant ist auch der von kubanischen Ärzten praktizierte Ansatz, die Hüll-Proteine des Virus, seine Spikes, mit Protease-Hemmern zu beschädigen. In Kombination mit einem seit Jahrzehnten in Kuba hergestellten *Interferon* ist rasche Erholung vom Corona-Virus möglich.
Der therapeutische Nihilismus und das Impf-Mantra unserer Behörden stellen sich also als Irrweg mit tödlichen und kostspieligen Folgen heraus.

Es gibt auch im Falle von Pandemien Therapien, man muss sie nur kennen und anwenden. Es zeigt sich einmal mehr: Nichts ist Gefährlicher, tödlicher und kostspieliger als bürokratisch gesteuerte staatliche Planwirtschaft.
Es sollte gefragt werden, was die Gesundheitsbehörden und die WHO getan haben und beabsichtigten, wenn sie sich in den letzten Jahren mit Pandemieplänen beschäftigten. Prophylaktische oder therapeutische Überlegungen waren wohl nicht angesagt. Als die Krise kam, fehlte es an Elementarem: Masken und Schutzkleidung.

Wenn der Staat Fieber misst

In China tragen Polizisten inzwischen *Augmented-Reality*-Brillen, die durch eine Wärmebildkamera in der Lage sind, Menschen mit erhöhter Temperatur aus Menschenmengen herauszufiltern.

In Polen müssen Menschen, die sich in Quarantäne befinden, regelmäßig ein Selfie an die Polizei schicken, das in den eigenen vier Wänden aufgenommen wurde.

In Neuseeland hat die Polizei eine digitale Denunziationsplattform eingerichtet und fordert die Bürger auf, Verstöße gegen Ausgangsbeschränkungen zu melden.

Wohin sind wir gekommen? Der medizinische Fortschritt verhieß noch vor Kurzem einen kontinuierlichen Rückgang der Epidemien. Allerdings wurde diese Rechnung ohne die Zerstörung der Lebensräume infolge der ökonomischen Gier der Menschen und bestimmter Konzerne gemacht. Die industrialisierte Landwirtschaft hat zusammen mit der Beschleunigung der internationalen Waren- und Personenströme die Ausbreitung von Krankheitserregern gefördert.

Statt dies zu beenden und mit der Natur zu kommunizieren, beispielsweise festzustellen, warum Fledermäuse zwar Träger gefährlicher Viren sind, aber selbst nicht daran erkranken, setzen Akteure wie die *Weltgesundheitsorganisation* oder die milliardenschwere Stiftung von Bill und Melinda Gates auf Algorithmen und BigData. Über die Auswertung riesiger Datenmengen erhofft man sich eine Früherkennung von Krankheiten, damit die Behörden Gegenmaßnahmen vorausplanen, Menschen kontrollieren und Krisen vorbeugen können.

Den Ausbruch der Sars-Corona-Pandemie konnten diese Technologien nicht verhindern. Die Krise hat die meisten Staaten kalt erwischt, sodass sie keine andere Möglichkeit sahen, als auf jahrhundertealte Pestmodelle zurückzugreifen. Im 19. Jahrhundert war das Verhängen von Ausgangssperren und Quarantäne das Markenzeichen totalitäre Regime. Die Verknüpfung von Volksgesundheit und Staatsräson ist also kein neues Phänomen. Doch im Zeitalter der Globalisierung gelten die Eingriffe in die Bewegungsfreiheit nicht mehr nur für Städte oder Regionen, sondern weltweit. Die Regierenden überbieten sich gegenseitig mit Technologien und Sicherheitslösungen, wobei sie sich zunehmend an Strategien orientieren, die die chinesischen Behörden schon seit Längerem, beispielsweise auch in uigurischen Lagern erproben.

Zukünftige Historiker werden sich beim Rückblick auf diese Zeit nur noch darüber wundern können, dass die Regierungen darüber nachdachten, ob sie nicht der gesamten Bevölkerung Tracking-Apps verordnen sollten, die die physischen Kontakte jedes Einzelnen speichern. Die totalitäre Raffinesse dieser Maßnahmen hätte die paranoidesten Regimes des 20. Jahrhunderts vor Neid erblassen lassen.

Auch wenn der Staat z. Zt. ein für ihn unverhofftes Comeback erlebt und verspricht, die Gesundheitssysteme besser zu finanzieren, könnte die Epidemie dazu führen, dass die betriebswirtschaftliche Logik und die Auslagerung wichtiger Aufgaben an die Digitalindustrie weiter um sich greifen: Der britische *National Health Service* (NHS) gab am 28.03. bekannt, in der Covid-19-Krise mit *Amazon*, *Microsoft* und dem kalifornischen Unternehmen *Palantir* zusammenzuarbeiten. *Palantir* ist auf Datenanalyse und Bilderkennung spezialisiert und dafür bekannt, dass es einen engen Draht zu amerikanischen Geheimdiensten hat und die amerikanische Einwanderungsbehörde bei der Verfolgung von illegalen Immigranten unterstützt. Inzwischen ist *Palantir* auch Haus- und Hoflieferant deutscher Polizei-Dienststellen. Dagegen war Erich Miehlke ein Datenschützer.

Am 14.03. autorisierte Israels Premier Netanjahu den Inlandsgeheimdienst *SchinBet*, eine bis dahin geheim gehaltene Methode zur Verhinderung von Selbstmordanschlägen für die Bekämpfung der Epidemie einzusetzen. Bisher, so rechtfertigt er diesen Schritt, habe er es vermieden, diese Mittel gegen die Zivilbevölkerung einzusetzen, aber man hätte keine Wahl mehr. Mit den Tools der israelischen Firma *NSO*, die sich auf Cyber-Spionage spezialisiert hat und in mehrere Skandale bei der Ausspähung von Menschenrechtsaktivisten und Journalisten verwickelt ist, lassen sich Telekommunikations-Metadaten und abgefangene Nachrichten analysieren. *NSO* verknüpft all diese Daten miteinander und ordnet jeder Person einen Infektiositäts-Score auf einer Skala von 1–10 zu. Rd. ein Dutzend weiterer Länder erproben dieses System derzeit. – Man braucht nicht viel Fantasie, um sich auszumalen, wie sich eine solche Infrastruktur nach Abklingen der Coronakrise für die politische Überwachung weiterhin verwenden lässt.

Von Krise zu Krise greift die Sicherheitsgesellschaft unter dem Deckmantel der Staatsräson weiter um sich. Jeglicher Versuch gesellschaftlicher Veränderung wird dadurch immer weiter oder für immer erschwert. In den ökonomisch-philosophischen Manuskripten schrieb Karl Marx: *Der Mensch lebt von der Natur*, will heißen: Die Natur ist sein Leib, mit dem er in ständigem Prozess bleiben muss, um nicht zu sterben. Dass das physisch und geistige Leben des Menschen mit Natur zusammenhängt, hat keinen anderen Sinn, als dass die Natur mit sich selbst zusammenhängt, denn der Mensch ist ein Teil der Natur.

In der Dialektik der Natur warnte Friedrich Engels: *Schmeicheln wir uns indes nicht zu sehr mit unseren menschlichen Siegen über die Natur. Für jeden solchen Sieg rächt sie sich an uns.* Es wäre aber falsch Covid-19 nur als Rache der Natur zu bezeichnen, es sei denn in metaphorischem Sinne. *Krankheit hat keinen Sinn*, schreibt Susan Sonntag, und wer eine in sie hineininterpretiert, läuft Gefahr die Träger der Krankheit zu stigmatisieren, was ja bereits stattfindet.

Im Falle von Pandemien ist auch das Aerosol-Management wichtig, denn Viren können über die Luft und in Tröpfchen reisen oder an Feinstäube gebunden. – Welche Maske ist die richtige für Sie und die jeweilige Situation?

In Asien gilt schon lange als rücksichtslos, wer auf Fernreisen keine Maske trägt. Hierzulande klagt man sich beim Tragen einer Maske als *krank* an.

Das Tragen einer den Träger und die Umwelt vor Aerosolen schützenden Maske ist Teil eines die Angst vermeidenden Konzeptes zur Bewältigung der Krise, um das Virus zu beschädigen, nicht die Menschen, nicht die Gesellschaft, nicht die Wirtschaft. Die Pandemie-Pläne der WHO und der diversen Regierungen leisten das nicht. Sie sind ein Atavismus, ein Rückfall in mittelalterliches Machtmanagement. Sie hinterlassen Not und Tod und demolierte Institutionen und Machtträger.

Die Demokratie in ihrer bisherigen Form ist am Ende. Wir benötigen neue Verfassungen mit digitalen Grundrechten und striktem Respekt vor körperlicher und geistiger Integrität des Einzelnen, denn der Zweck heiligt nicht die Mittel.

Die merkelsche Exekutiv-Diktatur zeigt die gleiche Verachtung für den Menschen und seine Wirtschaft wie das Vorgehen der chinesischen Machthaber gegen Uiguren und die chinesische Gesellschaft, die digitale Diktatur der Alternativlosigkeit. Die Gesellschaft soll durch Angst gelähmt werden und die digitale Kontrolle als Problemlösung empfinden. Dabei ist sie das Gegenteil: die Einführung der Diktatur der Algorithmen. Sie haben die Auswirkungen der Krise noch verstärkt, anstatt sie einzudämmen. Insbesondere wurden in Rekordzeit wirtschaftliche Schäden gesetzt in einem Umfang, den normalerweise nur langjährige Weltkriege zu leisten vermögen. Durch das Drucken von Geld im Sinne der Notenbanken ist dem bereits eingetretenen Kollaps der Weltwirtschaft nicht beizukommen, im Gegenteil, das wirkt wie die Hochdruckbeatmung einer Corona-Lunge: Es beschleunigt den Tod und verhindert die Heilung.

Wohin soll das führen?

Nicht nur die Viren, sondern auch die Zentralbanken schreiben Geschichte, was diesen umso leichter fällt, da in der Wissenschaft vom Geld fast alles umstritten, also mittlerweile fast alles möglich ist. Einige Notenbanker meinen, dass sich mit dem großzügigen Gebrauch der Notenpresse fast jedes Problem lösen lässt. Es gibt aber auch Ökonomen, die vor den Folgen einer solchen Strategie warnen. Was haben die Viren aktuell in Bezug auf die Geldpolitik bewirkt respektive was hat die Geldpolitik bezüglich der Pandemie gewagt zu tun? Am 18.03.2020 schalteten sich die Mitglieder des *Europäischen Zentralbankrates* unter der Leitung von Christine Lagarde, die die Sitzung von ihrer Frankfurter Wohnung aus leitete, zusammen. Um 23.48 Uhr kam aus der EZB-Zentrale eine E-Mail an die Investoren in aller Welt, in der die *Europäische Notenbank* ein 750 Milliarden. Dollar schweres *Pandemic-emergency-purchase*-Programm ankündigt. Von da an ging es Schlag auf Schlag: Am 19.03.2020 kündigte die *Bank von England* ein umfassendes Anleihekaufprogramm an: Volumen 200 Milliarden Pfund. Am 23.03.2020 folgt die FED in den USA mit mehr als 2000 Milliarden Dollar. Japan legt am 27.04.2020 nicht einmal mehr eine Obergrenze für das Programm fest. Somit schreiben die Zentralbanken unter Rückgriff auf das Corona-Virus Geschichte.

Es gibt aber immer eine Geschichte hinter der Geschichte. Lassen Sie uns in diesem Zusammenhang die Mechanismen des Crashs der *Lehmann-Brother*-Bank im September 2008 und die dahinter liegenden Mechanismen analysieren. Die damals von den US-Kreditmärkten ausgehende Krise veranschaulicht idealtypisch die fatalen Kettenreaktionen der entfesselten Spekulation. Diese führte uns erneut das toxische Arsenal des Finanzkapitals vor, das die Gesellschaften der Welt jetzt und in Zukunft verarmend ertragen müssen.

Es sind immer wieder dieselben Erscheinungen, die stets in derselben Phasenabfolge auftreten:

1. Das Ponzigesetz der Spekulation.
2. Leichtfertiges Risikoverhalten auf dem Gipfel des Finanzzyklus.
3. Die strukturelle Anfälligkeit gegenüber minimalen Veränderungen des ökonomischen Umfeldes und der Katalysatoreffekt lokaler Zusammenbrüche, der den Wandel des Wirtschaftsklimas beschleunigt.
4. Die Neigung zur überstürzten Revision bisheriger Einschätzungen.

5. Die Ansteckungsgefahr (!), wenn Misstrauen und Zweifel weitere Marktsegmente erfassen.
6. Die Schockwirkung auf die Banken, die sich bei der Kreditvergabe am stärksten exponiert haben.
7. Die Gefahr einer Systemkrise, also eines Zusammenbruchs der globalen Finanzmärkte und einer nach den fälligen Kreditrestriktionen sich ausbreitenden Rezession, worauf in der Regel ein Hilferuf an die Adresse der Zentralbanken geht, und zwar ausgerechnet von den fanatischen Verfechtern der freien Privatinitiative.

Übrigens hat der Vertreter der *Deutschen Bundesbank*, Herr Weidmann, auf Kritik am Beschluss der EZB verzichtet. Angesichts der hier geschilderten Mechanismen und Volumina kann man über den letzten Spruch des Bundesverfassungsgerichtes zum Verhalten der *Deutschen Bundesbank* nur noch müde lächeln. Vielleicht sollte man sagen: Realität frisst Legitimität und am Ende aller Illusionen wohnen die alten Dämonen.

In einer vergleichbaren Situation haben sich Hitler und seine Schergen das Gold der Juden besorgt und die Arbeitskraft der Zwangsarbeiter. Das ging einige Jahre gut und endete in einem fürchterlichen menschlichen und ökonomischen Desaster. Wir nennen es heute den *Holocaust*, den *Allesverbrenner*. – Wer und was wird diesmal verbrannt werden? Ich kann es Ihnen sagen, mit einer Antwort von Hermann Josef Abs, dem ehemaligen Chef der während des 2. Weltkrieges in der Arisierungsabteilung der *Deutschen Bank* tätig war und nach dem 2. Weltkrieg Konrad Adenauer beriet und der *Deutschen Bank* präsidierte. Auf die Frage eines jungen Mannes, wer all das bezahlen soll, antwortete er: »Denken Sie doch einmal nach, junger Mann – die Gläubiger.« – Sie wissen ja, wer die Gläubiger sind, wenn nicht, fragen Sie Christine Lagarde oder die Bundeskanzlerin.

Sie entnehmen diesen Ausführungen, was im Windschatten einer Pandemie alles möglich ist. Was die Beschlüsse der EZB angeht, so ist dies entweder ein Akt der Hilflosigkeit oder der Unverschämtheit. Auf jeden Fall ist das zerstörerische und verändernde Potenzial so hoch, wie es noch niemals fiskalische Maßnahmen in der Geschichte waren und mit an Sicherheit grenzender Wahrscheinlichkeit halten dies die bisherigen Gesellschaften und Strukturen nicht aus, ja, nicht einmal die Strukturen der bisherigen Kredit- und Wertschöpfung und schon gar nicht die Strukturen des konventionellen Geldes.

Eines Tages werden die Algorithmen der Software, die *Blackrock* bei seinen Credit-default-Geschäften anwendet und die den bezeichnenden Namen *Aladin* trägt, sämtliche Computer ausschalten und vorher noch eine Message an die E-Mail-Adressen und Gesellschaften der Welt senden: *Ihr seid alle Idioten, wir hauen euch jetzt auf die Pfoten.* Will sagen, selbst Algorithmen werden diesem Wahnsinn in Kürze nicht mehr standhalten können und dann kommt es zu Kriegen ohne Siege und wahrscheinlich auch zu Bürgerkriegen, einer tiefen Spaltung der Gesellschaft, einer kompletten Digitalisierung aller Lebensbereiche und riesigen Währungsreformen. Ich vermute, dass die Chinesen da die Ersten sein werden.

Seriös wäre es gewesen, die Gesellschaften der Welt auf diese Unmöglichkeiten hinzuweisen und parallel abfedernde Maßnahmen transparent zu erklären und zur Abstimmung zu stellen. Das Geschwätz von der Alternativlosigkeit, das wir von unserer Bundeskanzlerin immer wieder hören müssen, ist noch nie angemessen gewesen. Angemessen ist es aber, immer dann zurückzutreten, wenn man den Prämissen, die die abgelegten Amtseide nun einmal auferlegen, nicht mehr entsprechen kann.

Wir müssen aufhören, die Erde und ihre Organismen und Rohstoffe über Gebühr auszubeuten. Wir müssen zelluläre Kreislaufwirtschaften schaffen. Dabei könnten uns synthetische Organellen helfen. Dies würde vermeiden, die Zellen von allem Pflanzlichen, Tierischen und Menschlichen auszubeuten, wie es jetzt vorbereitet wird. Wir benötigen stattdessen eine neue Charta der Menschen-, Pflanzen- und Tierrechte sowie eine strikte Beachtung der digitalen Menschenwürde. Unsere Ökonomie wird nur dann zu einer Technosophie werden, wenn wir die Fotosynthese der Natur nachahmen, ohne diese auszubeuten.

Der Natur gelingt die Gewinnung von energiereichen Stoffen mittels CO_2 und Sonnenlicht. Bisher war diese Technologie nur Pflanzen, Algen und einigen Bakterien als spezielle Fähigkeit vorenthalten. Nun konnten Forscher der *Max-Planck-Institute* diesen Vorgang im Labor nachbauen. Sie haben eine synthetische biologische Zelle entwickelt, die Fotosynthese betreiben kann. Mit solchen Konstrukten könnte künftig das Treibhausgas CO_2 aus der Luft entfernt werden, Nahrungsmittel wie Aminosäuren und Wirkstoffe für Arzneimittel hergestellt werden. Dies gelang, indem die Forscher zunächst die Membranen aus den Chloroblasten von Spinatzellen isolierten. Sie brachten diese dann in ein Aerosol aus Wasser ein. Der Durchmesser betrug etwa 0,032 mm. Diese Aerosoltröpfchen dienten als Zellen. Hinzu setzen sie 16 Enzyme. Fiel nun Licht auf diese Tröpfchen, entstand darin genau wie beim natürlichen Vorbild der Energieträger ATP. Auch bildeten die Zellen Glykolsäure, eine Fruchtsäure, die energetisch wertvoll ist. Diese Vorgehensweise ist in keiner Weise toxisch und vermutlich skalierbar. – Es gibt auch nützliche Aerosole.

Diese Technologie wäre das perfekte Antidepressivum für den großartigen Antoine de Saint-Exupéry gewesen und könnte sich zu einem universellen Heilmittel für die Menschheit herausstellen. Man sollte man diesen Forschern bald den Nobelpreis verleihen. Sie haben eine friedensstiftende Technologie entwickelt, die sich in die Kreisläufe der Natur einbettet, statt diese auszubeuten.

Besonders tragisch und möglicherweise strafrechtlich relevant ist all dies angesichts der Tatsache, dass in mehreren Ländern, die mit einem harten Lockdown der Gesellschaft reagierten, der RKI-Index (jener Parameter, der aussagt, wie viele Menschen ein Infizierter ansteckt) bereits rückläufig war, bevor sich beispielsweise Frau Merkel entschloss, die deutsche Wirtschaft zu erschießen

und Millionen Menschen in die Armut und Ver-
zweiflung zu treiben.

Wir benötigen eine direkte, informierte Demokratie mit Transparenz und Partizipation, d. h. die
Einbeziehung der Betroffenen in die Entschei-
dungsprozesse und in das noch vorhandene und
später evtl. wieder zu generierende Bruttosozial-
produkt. Sollte das am Ende der Krise stehen, dann
hatte sie etwas Gutes.

Wie wichtig das ist, zeigt die Analyse von Antoine
de Saint Exupery aus der Zeit des Spanischen Bür-
gerkrieges, dem er als Reporter beiwohnte: *Es gibt
keine Ehrfurcht für den Menschen mehr. Man er-
schießt sich, wie man Wälder abholzt. Je refuse,
ein für alle Mal, ich lehne die Form des Dilemmas
ab, ich akzeptiere die Antinomien nicht mehr.*
Gelingt es nicht, sich von den Mächtigen und der
Krise zu emanzipieren und das Virus mit menschlichen und medizinischen Mitteln anzugehen, anstatt mithilfe digitalen Terrors, wird eintreten, was
Antoine des Saint Exupery in seinem letzten un-
vollendet gebliebenen Werk *Die Stadt in der Wüste*
voraussagte: *Die Menschenrechte werden in ein
Recht für Ungeziefer umgewandelt. Ein Gemein-
wesen, das seinen Mitgliedern mehr austeilt als es
ihnen abverlangt, macht aus ihnen eine Mensch-*

*heit der Ställe, die sich im Namen der Gleichheit
letztlich selber zerfleischt.*

Nun wende ich mich nach diesen Ausführungen
über die Macht der Viren und Ohnmacht der Menschen der Frage von Frau Prof. Mölling zu: *Stam-
men wir von Viren ab?*
Ich hoffe doch nicht. Ausschließen kann man das
aber nicht, zumindest ist es in hohem Masse dis-
kussionswürdig. Unter evolutionsbiologischem
Aspekt ist es teilweise zu bejahen. Aber auch die
ursprünglich aus dem Weltall in Meteoriten auf die
Erde gelangten Aminosäuren waren Agenten des
Lebens und halfen wie die Viren bei der Entstehung der Urzelle. Dann kam die Membran hinzu,
im Sonnenlicht formten sich die ersten die Energie
des Lichtes in Elektronen und Moleküle umwan-
delnden Brennstoffzellen, diese assoziierten sich
über Organellen mit den Zellen und es begann das
Leben. Eigene zelluläre Systeme erkämpften sich
inmitten dieser molekularen Dramen sogar ein
Bewusstsein. – Wird es ausreichen, die Schönheit
und Würde des Lebens in Zukunft zu bewahren?
Oder verändern wir die Evolutionsmechanismen
durch Verlust einer offenen Entwicklungsperspektive bis hin zur Dekonstruktion des Menschen? –
Sag mir: Was bedeutet der Mensch? Woher ist er

gekommen? Wo geht er hin? In Heinrich Heines Gedicht *Fragen* aus dem zweiten Zyklus *Nordsee* steht ein Mann am nächtlichen Meer und stellt sich diese Fragen. Das Gedicht endet mit den Worten: *... und ein Narr wartet auf Antwort.* – Am Anfang war das Wort, am Ende steht der Code.

Der Mensch betrat vor ca. 160.000 Jahren die Bühne der Erde, die Antoine de Saint-Exupéry einen *Wandelstern* nannte. Moleküle, aus dem Weltall stammend wie Aminosäuren und die Vorläufer der Nukleinsäuren, kamen mit Meteoriten auf die Erde und bildeten die Minimalia des Lebendigen: sich selbst codierende Moleküle, die ersten Informationsträger. Es entstanden Systeme, die sich replizieren und von der Sonne stammende Energie von außen aufnehmen konnten.
Diese Notwendigkeit besteht bis heute. Der Weg des Menschen von den Einzellern bis hin zu einem sich selbst bewusst seienden Gehirn ist in seinen Grundzügen wissenschaftlich unumstritten. Die für den Beginn allen Lebens entscheidenden Fragen, wie nämlich aus chemischen Reaktionen eine Zelle mit den soeben genannten Fähigkeiten der Informationsspeicherung, der Replikation und des Energieumsatzes entstehen konnte, wird nach wie vor kontrovers diskutiert, was verständlich ist, denn dieser Übergang liegt ungefähr vier Milliarden Jahre zurück.

Trotz unserer Unsicherheit steht eines fest: Leben beruht auf Information und der Ausgangspunkt lebensbegründender Information war die Katalyse. Das Wesen alles Lebendigen ist also Information.

Wir leben in einer Zeit, in der Informationen auch über Magnetfelder übertragen werden können. Dies erlaubt die Digitalisierung und eine Ausdehnung morphischer Felder. Substanzen wie Aminosäuren und die für die Bildung des genetischen Codes notwendige Ribosezucker und stickstoffhaltige Nukleotide kamen mit Meteoriten aus dem Weltall auf die Erde. Etwa 86 Prozent der Meteoriten bestehen aus kosmischem Sedimentgestein, das drei Prozent organische Moleküle enthält.

Die meisten Meteoriten fielen aufs Meer und sanken in die Tiefsee ab, in deren Heißwasserkaminen dann Leben entstanden sein kann, indem sich diese Moleküle mit den einfachsten Organismen jener Zeit in sogenannten *Archaeen* verbündet haben. Aus Chemie wurde also Leben, dieses Leben konnte sowohl mit als auch ohne Sauerstoff funktionieren. Aerobe Glykolyse, oxidative Phosphorylierung, Warburgscher Gärungsstoffwechsel … Die Zellen beherrschen bis heute den Switch.

Und dann begann die Evolution, oszillierend zwischen zwei Leitlinien: Generationenfolge und Kooperation; die meisten Tiere führen ihr Leben nicht als Einzelgänger, sondern bewegen und bewähren sich innerhalb von Sozialverbänden und gehen über zur Interaktion: Fortschritt.

Wer wie die heutige Evolutionsbiologie die Macht der Gene in den Mittelpunkt der Evolution stellt, übersieht leicht, dass diese Gene für sich genommen hilflos sind. Sie brauchen immer eine Zellumgebung und Enzymketten. Gene benötigen eine zelluläre Reparaturmaschinerie, ohne die sich das Kopieren in Fehlern verheddern würde. Sie benötigen Zellen und Phenotypen. Es gibt keine Gene außerhalb von Zellen, sieht man einmal von Viren ab.

Man könnte also Viren als *Gene außerhalb von Zellen* bezeichnen. Für ihre Replikation müssen sie Zellen entern. Wer allerdings nur aus dem Blickwinkel der Gene auf die Evolution schaut, rückt die Erhaltung des Stabilen in den Vordergrund und übersieht die überschießende Lebendigkeit der Evolution, ihre Wandlungsfähigkeit und Dynamik: Das Leben spielt sich in der ständigen Auseinandersetzung der individuellen Organismen mit ihrer Lebenswelt ab, dabei sind Gene nicht der Inhalt, sondern das Ergebnis des Lebens.

Die über Jahrmillionen wachsende Komplexität der informationsverarbeitenden Systeme im Tierreich speist sich aus zwei Quellen: der Selbstorganisation und der permanenten Interaktion zwischen individuellen Organismen und ihrer Umgebung, also zwischen intrinsischen und extrinsischen Welten. Diese Interaktion zwischen Individuum und belebter Umwelt, die Darwin in einseitiger Sicht als den *Kampf ums Dasein* bezeichnete, ist das, was wir *Leben* nennen, was wir in der Natur *Werden und Vergehen* nennen. Diese Interaktion ist auch die Grundlage dessen, was wir Menschen als *Glück und Leid* erleben.

Diese Interaktion bedient sich zweier Instrumente: der Epigenetik und des Zentralnervensystems.

Bis in die jüngste Zeit fristete die Epigenetik in der Forschung ein Schattendasein. Für die Evolution war dann das Gehirn der wichtigste Arbeitsplatz. Leider gab es über die Jahrhunderte hinweg eine erhebliche Distanz zwischen den Disziplinen der Biologie, der Hirn- und der Evolutionsforschung. Dabei gibt es erhebliche Konstanten. Die vielen Ionenkanäle, die sich zu Typenfamilien gruppieren lassen, und ihre Transmitter bleiben im gesamten Tierreich im Wesentlichen dieselben.

Im Gehirn sind die Synapsen die eigentlichen Arbeitsstätten. Synapsen sind die Schaltstellen der Neurone, man schätzt ihre Zahl auf 10^{15}. Geht man davon aus, dass jedes dieser Neurone seinerseits 10–20.000 Kontakte mit anderen Neuronen aufnimmt, so ergeben sich potenziell 10^{17} Vernetzungsstellen, eine Zahl, die jede Vorstellung sprengt.

Aktivitäten an den Synapsen können deren Ausstattung mit Ionenkanälen und deren Empfindlichkeiten kurz- oder langfristig und manchmal sogar für den Rest des Lebens verändern. Synapsen sind somit keine lebenslang festgelegten Strukturen. Auf ihren dynamischen Fähigkeiten beruhen alle Leistungen der Gehirne. Die enge Beziehung zwischen menschlicher Gesellschaft und sozialem Gehirn wirft die Frage auf, was zuerst da war: die Fähigkeit, sich in andere hineinzuversetzen oder Gesichtsausdrücke und Körperhaltungen der Mitmenschen interpretieren zu können, Empathie und Mitgefühl … All das setzt ein intaktes Ich-Bewusstsein voraus. Ohne ein Ich-Bewusstsein ist auch keine Paarbildung möglich – Paarung schon.

Das Ich-Bewusstsein garantiert die Einheit von Körper und Geist, es entzieht sich der neurobiologischen Analyse aus mehreren Gründen. Der Mensch steht bisher deshalb ganz oben auf der Rangleiter der Schöpfung, da er über eine nicht nur innere, sondern auch äußere Sprache verfügt. Selbst Bienen beherrschen so abstrakte Kategorien wie *gleich* und *ungleich*, können also auf ihre Weise denken, aber sie können nicht mit Abstraktionen spielen, wie wir das durch die Denkstruktur bildenden Leistungen und Begriffsbildungen der Sprache zustande bringen. Somit ist Sprache zum Träger des Geistes des Lebens geworden. Für das

Ich-Bewusstsein des Menschen ist die Sprache Voraussetzung.

Der Versuch, das Ich-Bewusstsein und den Geist irgendwo im Gehirn zu lokalisieren, wäre unsinnig, dennoch wird jeder Neurobiologe der These zustimmen, dass es ohne den präfrontalen Kortex kein Selbstbewusstsein und kein Geistesleben geben kann. Jede Gesellschaft besteht aus der Summe der Ich-bewussten Individuen, die ihr angehören.

Nach herrschender Lehrmeinung entstand der Mensch durch den Zufall und die natürliche Auslese. Evolutionsbiologen wie Stephen Gould und Richard Dawkins waren und sind davon überzeugt, dass der Mensch ein reines Zufallsprodukt natürlicher Evolution sei und bei einem fiktiven Neubeginn des Lebens nicht wieder entstehen würde.

Doch das Leben ist kein Gepäckstück der Natur, das wie auf einer Laderampe in zielloser Fahrt mal hierhin und mal dorthin geworfen wird. Das Leben ist nicht den Zufällen der Natur ausgeliefert. Es benutzt vielmehr den Zufall als Variationsquelle. Die Evolution ist eine hinreißende Geschichte der Emanzipation des Lebens aus den engen Fesseln der Natur hin zu einer größeren Freiheit. – Der Höhepunkt dieser Emanzipationsgeschichte war und ist bisher der Mensch. Er ist das einzige Lebewesen, das mit seinem Selbstbewusstsein weiß, dass es dem Tod anheimfallen wird, und angesichts des Todes schafft es transzendente Weltvorstellung, die sein Dasein mitbestimmen. Er ist das freieste Lebewesen, das je den Erdball bewohnt hat. Er ist das einzige Lebewesen, das mit der Freiheit Selbstbestimmung erlangte und damit Verantwortung für alles Lebendige trägt. Er ist das einzige Lebewesen, das sich die Werkzeuge der natürlichen Evolution bis hin zur Genmanipulation angeeignet hat und damit nun begonnen hat, die natürliche Evolution durch eine kulturelle, seinen eigenen Zielen folgende Evolution zu überformen. Nunmehr beherrscht er auch biotechnologische Methoden, zum Beispiel Genscheren, mit denen er die pflanzlichen, tierischen und seine eigenen Zellen verändern und, wie er meint, optimieren kann. Somit hat der Mensch begonnen, sich und seine Zellen von der bisherigen Evolution zu emanzipieren.

Die Zeit, in der das geschieht, nennen wir mittlerweile das *Anthropozän*. Auf einige der Trends, die dabei auftreten, haben wir inzwischen keine oder keine ausreichenden Antworten mehr. Schon vor einiger Zeit endete die Suche nach einer höheren Instanz. Nietzsche erklärte, Gott sei tot. Damit war er wohl etwas voreilig oder man könnte sagen: *Mag sein.* Aber vielleicht war die Suche nach ihm nur erfolglos. Die technologischen Errungenschaften ließen selbst Freunde der Technik wie Antoine de Saint Exupéry erschrecken. Er sprach vom trügerischen Selbstvertrauen der Sesshaften und Besitzenden gegenüber den Besitz- und Ruhelosen.

Der Konsumismus und rücksichtlos gewinnoptimierte Kapitalismus des 19. und 20. Jahrhunderts gefährdet die Gesundheit der Erde, der Pflanzen, der Tiere, des Wassers und damit der Menschen. Insofern ist es an der Zeit, an einer Evolution der Zukunft zu arbeiten. Dabei stoßen wir auf die guten und die schlechten Seiten des Transhumanismus.

Dieser Begriff taucht zu einem Zeitpunkt auf, da das politische System des Nationalstaates, das aus der Verbindung von Territorium und einer bestimmten Rechtsordnung besteht, in eine permanente Krise geraten ist. Der Staat begrüßt inzwischen jeden Anlass, die Sorge um die Gesundheit zu seiner direkten Aufgabe zu machen. Dabei stützt er sich auf Daten, die ihm nicht gehören, und es ist ihm jedes Mittel recht. Er kauft sich in Datenbanken ein, die auf illegale Weise entstanden sind, und rüstet die Polizei mit Datenhelmen aus. Demnächst auch den Bürger. *Apple* und *Bosch* haben entsprechende Datenbrillen, die sich mit dem Smartphone verbinden lassen und die Informationen holografisch auf die Netzhaut projizieren, bereits fertig entwickelt; sie stehen vor der Einführung.

Wenn der Staat Fieber misst

Die WHO hat die Befugnis, den Ausnahmezustand zu verkünden, und abgesichert über angeblich völkerrechtlich bindende Verträge müssen sich die Nationalstaaten daran halten.

Die Verhängung des Ausnahmezustands macht aus einem Staat ein Lager. Seine Verfassung ist das Infektionsschutzgesetz. Die Insassen des Lagers, die angeblich Schutzbedürftigen, werden in *infiziert, noch nicht infiziert* und *nicht infiziert* kategorisiert, in *geimpft* und *nicht geimpft*. Über die Zulassung von Therapiemitteln entscheiden im Fast-track-Verfahren Kommissionen und die Opportunitätslage.

Der souveräne Bürger ist plötzlich Lagerinsasse. Das Lager und nicht mehr der einer Gewaltenteilung gehorchende Staat ist das biopolitische Paradigma Europas und weiter Teile der Welt.

Wem das gefällt, der ist zweifelsfrei nicht gesund, sondern der *Homo digitalis*: Seine Intelligenz fließt in digitale Strukturen ab.

Das Leben wird artifiziell. Die Kultur wird ausgeschaltet, die Virtualität eingeschaltet. Betreten nur mit QR-Code und nach Fiebermessung. Jede Begegnung wird über die Datenbrille gescannt. Was nicht digitalisierbar ist, ist nicht mehr existent. Nicht nur der öffentliche Raum wird verbaut, nein, auch die Privatsphäre geht verloren. Früher konnte man sich noch in die Augen schauen, ab jetzt trägt man Atemmaske und Digitalisierungsbrille, wird gescanntes Teil eines Netzwerkes. Die Existenzberechtigung verwandelte sich in einen Quellcode. Das tatsächliche Leben verschwindet mit atemberaubender Geschwindigkeit.

Die Souveränität wird den Anthropoiden des Anthropozäns durch die Digitalisierung aller Lebensbereiche entzogen: Die offene Entwicklungsperspektive weicht der trostlosen Wiederkehr des Gleichen. Das Sein erschöpft sich in molekularen Verkettungen.

Das Lager steht unter der Kontrolle einer Organisation zweifelhafter Transparenz und nicht überprüfbarer Kompetenz mit Machtbefugnissen, die die UNO gerne hätte: Der Macht über Tod und Leben, über Ausgangsfreiheit und Nicht-Freiheit, über Krieg und Frieden, über Brot und Spiele. Das Volk wird nicht gefragt, es muss ja geschützt werden. Die Bosse, die diesen Laden wie ein Fürstentum führen, sind die lobbyierten Hofnarren der Mächtigen und großer Konzernstrukturen, sie handeln wie Auguren. – Im alten Rom schauten die nach den Vögeln; da verstand man wenigstens noch etwas von Biologie.

Antoine des Saint Exupéry schreibt in *Die Stadt in der Wüste*: *Es war einmal ein Alchimist, der die Geheimnisse des Lebens erforschte und es ge-*

schah, dass er aus seinen Brennkolben, seinen Retorten, seinen Drogen ein winziges Teilchen lebendigen Stoffes gewann. Die Logiker eilten herbei, sie wiederholten den Versuch, mischten die Drogen, bliesen das Feuer unter den Retorten an und erzielten eine weitere lebende Zelle. So verkündeten sie: es gäbe kein Geheimnis des Lebens mehr. Ich aber begab mich in noch größerer Demut zu meinem Freunde, dem Mathematiker, um mich von ihm belehren zu lassen. »Was ist dabei Neues zu sehen?«, sagte er mir, »doch nur, dass das Leben Leben erzeugt.«

Wenn der Himmel seinen Flaum verliert, ist das Leben der Menschen bedroht

Wir greifen tief, möglicherweise zu tief und zu schnell in das Informationsmanagement der Zellen ein, demnächst auch in unser Gehirn. Wir benötigen ein neues, ein weises Drehbuch für die Evolution. Wir bemächtigen uns der Zelle in aller Schnelle und vergessen dabei die epigenomische Interaktion von Gehirn und Genom, denn wir kennen noch nicht ausreichend die neuronalen Grundlagen der Evolution.

Die Komplexität war bisher die Basis unserer Individualität. Indem wir scheinbar immer mehr komplexe Datenströme mit dem Individuum interagieren lassen, könnten wir die individuellen und damit die Manipulationsmöglichkeiten durch die sich ständig erweiternden biotechnischen Möglichkeiten implementieren und dabei vor der individuellen Zelle und den Menschen nicht Halt machen. Dabei müssen wir aufpassen, dass wir das individuelle Gedächtnis der Zelle nicht zerstören und die Erfindung der Individualität zugunsten einer sozialen Komplexität nicht rückgängig machen.

Der Teufel kann fast alles schaffen, nur nicht den Menschen. – Er kann nur eine Parodie des Menschen schaffen, eine Simulation.

Das, was Befreiung von Krankheit, Not und Tod verspricht, kann zur Tragödie werden, und es ist eine Tragödie, die Tragödie abschaffen zu wollen.

Ich glaube wir leiden inzwischen aus Angst vor den technologischen Realitäten des Anthropozäns und den Folgen der Überpopulation an einem digitalen Erlösungsglauben und glauben, dem Gefängnis der Evolution entkommen zu können. Der Staat spiegelt dem Menschen vor, ihn durch das Digitale zu erlösen. Tatsächlich will er ihn durch die Digitalisierung und Biometrisierung nicht optimieren, sondern vielmehr kontrollieren. Somit ist das Verschmelzen der bisher Realen mit der neuen digitalen Welt eine große Gefahr. Es könnten Chimären, Roboter und transhumane Gestalten/Entitäten entstehen. Die reine Form des Ideals und der Souveränität der Verführung wäre am Ende.

So kehren wir zurück zu Heinrich Heines Gedicht, wo der Jüngling fragt: *Sagt mir, was bedeutet der Mensch?* Das Gedicht endet mit den Worten: *Und ein Narr wartet auf Antwort.*

Wir müssen uns selbst die Antworten geben, sonst werden wir keine Zukunft mehr erleben – oder wir erleben, wie Goethe ahnte, die Homunkulisierung des Menschlichen.

Ich jedenfalls möchte keinen Roboter küssen.

Aber einst aus dem Garten Eden vertrieben, glaubt die Wissenschaft heute, den Weg zurück ins Paradies gefunden zu haben. Die Transhumanisten und auch der Staat hoffen auf die vermeintliche Erlösung des Menschen mittels Hightech. Der kommende und vermutlich letzte Schritt der Evolution verknüpft menschliche mit künstlicher Intelligenz, physische und virtuelle Realität, Biologie und Technologie. Ewige Jugend, ewiges Leben, übermenschliche Kräfte – Transhumanisten wollen den neuen Menschen, der zur neuen Weltordnung passt.

Nicht ausgeschlossen ist, dass die dabei entstehenden Hybridwesen und Chimären-Entitäten zu Herrschern über die humanoiden Eingeborenen aufschwingen.

Wer sich die unbegrenzte morphologische Freiheit nimmt, kann die morphischen Felder zerstören. Das Einpflanzen von Computerchips in menschliche Gehirne zur kognitiven Erweiterung wäre ein praktisches Beispiel und letzten Endes nur der logische Endpunkt einer seit Langem absehbaren Entwicklung. Smarte Uhren und Brillen sind nur der erste Schritt, bevor die Technik unter die Haut geht. Der Transhumanismus bedient sich einer Reihe von Methoden, mit denen der Evolution nachgeholfen werden soll, darunter sind Genmanipulation, Nano-Technologie, Klonen, Kybernetik, Robotik, leistungssteigernde Drogen und das sogenannte *Human Enhancement*.

An das ständige Herumtragen des Smartphones hat sich fast jeder gewöhnt. Inzwischen wird es ja zur elektronischen Fußfessel umgewandelt und wenn es so weitergeht, ist die biologische Menschheit nicht mehr die intelligenteste und jedenfalls nicht mehr die freieste Lebensform auf unserem Planeten. Es mag ja möglich sein, das gesamte Wissen aller Bibliotheken dieser Welt auf Abruf im Gehirn zu speichern, das Problem ist nur, dass die Superintelligenz eine von Moral und menschlichen Gefühlen freie Rationalität meint: grenzenloses Faktenwissen und perfektes Erinnerungsvermögen, aber keine Empathie mehr, keine Humanität mehr, kein Herz mehr.

Der Transhumanismus läuft Gefahr, dem ultimativen Despoten, nämlich der Diktatur der Algorithmen zur Macht zu verhelfen. Eine dystopische Diktatur ungeahnten Ausmaßes wäre das Ergebnis. Der verstorbene Astrophysiker Stephen Hawking warnte eindringlich vor dieser Entwicklung.

So dürfen wir also mit unseren Zellen experimentieren, obwohl die Folgen nicht abschätzbar sind. Wir leiden also am Ende der Aufklärung unter der Pseudoreligion des Fortschritts und ich sage noch einmal: Nach der heiligen Überlieferung kann der Teufel fast alles schaffen, nur nicht den Menschen. Somit ist der Transhumanismus kein bizarres Nebenprodukt der technologischen Entwicklung, sondern deren logisches Ende. Damit kommen wir zu letzten Phase der sogenannten *Befreiung der Menschheit von ihren Beschränkungen.* Alle Formen der Überwindung von Grenzen wurden zur Gänze erreicht. Es bleibt nur der letzte Schritt: Überwindung der Grenzen der Menschengattung. Vom Individuum zum Objekt digitaler Kontrolle. Bisher galt: Der Mensch ist nicht, er wird. Nunmehr gilt: Der Mensch war.

Schlusswort:

Ohne Viren gäbe es keine Zellen, es geht darum, in Balance mit ihnen zu leben.

Viren kommen, Viren gehen … Viren können dafür sorgen, dass wir in den *Vereinigten Notstands-Staaten von Europa* leben werden.

Die biometrischen Kontrollmaßnahmen, deren Einführung geplant ist, werden die Krise überdauern, weil ja stets ein neuer Notstand droht. Das erzeugt ein neues Regierungshandeln und erhebliche Kollateralschäden, bis hin zur Diktatur der Algorithmen. Es gibt dann keine Freiheit mehr, nur noch Infizierte und Nicht-Infizierte, Immune oder Nicht-Immune.

Die bisherigen Versuche, einer Pandemie Herr zu werden, bedrohen die ökonomischen, nutritiven, psychologischen und biologischen Lebensgrundlagen der Welt. Somit stellt die Ausrufung einer Pandemie einen Zustand der Ermächtigung dar, der bisher noch von keiner Verfassung oder Verhaltensweise ausreichend kontrolliert oder eingehegt wurde. Das ist der eigentliche Notstand, von dem durch Angst abgelenkt wird.

Die weitere Entwicklung der Welt und der Menschen wird entscheidend dadurch geprägt sein, ob es gelingt, aus dem Gefängnis der Pandemie zu entkommen.

Staatsrechtlich ist Deutschland, und nicht nur Deutschland, infolge des Verhaltens der Regierenden und Regierten in eine andere Welt eingetreten: Der Staat bleibt bestehen, während das Recht zurücktritt. Das verordnete und selbstverordnete *Social Distancing* wird dazu führen, dass Roboter schneller als erwartet die Herrschaft in den Fabrikhallen übernehmen, ebenso bei Lieferungen, in der Bauindustrie, in der Pflege. Alles begann mit einem kleinen Virus, dann begann der Staat Fieber zu messen …

Viren könnten dafür sorgen, dass wir dereinst in den *Vereinigten Notstandsstaaten von Europa* leben. Die biometrischen Kontrollmaßnahmen werden überdauern, weil ja stets ein neuer Notstand droht. Die Regierungen der Welt werden getrieben alles daran zu setzen, den Ausnahmezustand zum Normalzustand zu machen. Die biometrischen Kontrollmaßnahmen werden überdauern, weil ja stets ein neuer Notstand droht.

In den vereinigten Notstandsstaaten von Europa oder gleich der ganzen der Welt werden die kommenden Pandemien mit biometrischer Überwachung bekämpft. Dies erzeugt erhebliche Kollateralschäden und eine Diktatur der Algorithmen. Es gibt dann keine Gleichheit oder Freiheit mehr, nur noch Infizierte oder noch nicht Infizierte, nur Immune oder noch nicht Immune. Die bisherigen Vorgehensweisen (Schweden ausgenommen) bedrohen die ökonomischen, nutritiven und biologischen Lebensgrundlagen der Welt. Auch der Überlebensoptimismus wird infrage gestellt.

Das Virus treibt Millionen ins Elend. Erstmals seit 20 Jahren steigt die Zahl der extrem Armen wieder an. Auch bei uns werden der Mittelstand und Einzelunternehmer in die Armut getrieben. Es muss daher gefragt werden, ob es legitim war, die Wirtschaft zu schließen, besser gesagt zu erschießen.

Es steht außer Frage, dass die Bewältigungsstrategie dieser Pandemie die höchste Verschuldung aller Zeiten erzeugt hat. Dabei macht das Auftreten der exekutiven Willkür und ängstlichen Untertänigkeit, mit der diese teilweise begrüßt wurde, stutzig. In Anlehnung an das bekannte Diktum, der freiheitlich säkularisierte Staat lebt von Voraussetzungen, die er selber nicht zu garantieren vermöge, lässt sich sagen: Der Freiheitswille der Menschen lebt von Voraussetzungen, die eine säkulare Gesellschaft nicht garantieren kann. – Die sogenannte *Demokratie* unterscheidet sich bald nicht mehr von einer Tyrannei.

Literatur und Quellen:

1. *Supermacht des Lebens*, K. Mölling, CH Beck

2. *Therapie von Covid 19*, Deutsches Ärzteblatt, Heft 13, März 2020

3. *The Use of Antimalarial Drugs against viral Infection*, Alessandro Sarah et al, Microorganisms 2020, 8, 85

4. *Infektionsverstärkende Antikörper*, Wikipedia

5. *Ebola Virus Epidemie in West-Afrika – das geheimnisvolle Serum und was man sonst noch wissen sollte*, Der Arzneimittelbrief, Jahrgang 48, Sept. 2014

6. *Ist das Wechselfieber der Pferde auf den Menschen übertragbar?*, Zeitschrift für Veterinärkunde, 1920; 32: 89-95

7. *Qualitative analyses of cellular immune functions in equine infectious anemia show homology with AIDS*, Gerencer, M et al, Arch Virol (1089) 104: 249-257

8. *Equine Infectious Anemia: A Model of Immunproliferative Disease*, Squire R., Blood, Vol 32 No 1, July 1968

9. *Das Risiko einer Pandemie war bekannt, das Risikomanagement der Regierung weist Lücken auf, weshalb wichtige Vorbereitungen für die Corona-Krise nicht getroffen wurden*, NZZ, 8. Mai 2020

10. *Beweisen die Zahlen, dass das Kontaktverbot überflüssig ist?*, Münchner Merkur, 23.04.2020

11. *Probleme der experimentellen Krebsforschung*, Bielka, A, Akademische Verlagsanstalt Geest und Portig, Leipzig 1959

12. Goodman, JN: Engl. J. Me. 2014 www.nejm.org/doi/full/10.1056/NEJMP1409817

13. www.usamriiid.army.mil/